Dr. G. Arockia Sahaya Sheela

Matemática computacional em programação R

Dr. G. Arockia Sahaya Sheela

Matemática computacional em programação R

Matemática Aplicada

ScienciaScripts

Imprint

Any brand names and product names mentioned in this book are subject to trademark, brand or patent protection and are trademarks or registered trademarks of their respective holders. The use of brand names, product names, common names, trade names, product descriptions etc. even without a particular marking in this work is in no way to be construed to mean that such names may be regarded as unrestricted in respect of trademark and brand protection legislation and could thus be used by anyone.

Cover image: www.ingimage.com

This book is a translation from the original published under ISBN 978-620-6-77435-8.

Publisher:
Sciencia Scripts
is a trademark of
Dodo Books Indian Ocean Ltd. and OmniScriptum S.R.L publishing group

120 High Road, East Finchley, London, N2 9ED, United Kingdom
Str. Armeneasca 28/1, office 1, Chisinau MD-2012, Republic of Moldova, Europe
Printed at: see last page
ISBN: 978-620-3-31096-2

Prefácio

A matemática computacional é um domínio fundamental na ciência e engenharia modernas, fornecendo as ferramentas e técnicas necessárias para resolver problemas matemáticos complexos que surgem frequentemente em vários domínios. Com o advento de ambientes de computação potentes, a capacidade de efetuar cálculos complexos, simulações e análises de dados tornou-se mais acessível do que nunca.

A programação R destaca-se como uma das ferramentas mais versáteis e amplamente utilizadas neste domínio. Inicialmente concebido para computação estatística, o R evoluiu para um ambiente abrangente que suporta uma vasta gama de cálculos matemáticos, incluindo álgebra linear, análise numérica, otimização e matemática simbólica. A sua extensa biblioteca de funções e pacotes, combinada com a sua facilidade de utilização, faz do R a escolha ideal tanto para principiantes como para profissionais experientes que trabalham em matemática computacional.

Esta obra tem como objetivo colmatar a lacuna entre a teoria e a prática, fornecendo uma exploração detalhada da forma como o R pode ser utilizado para resolver vários problemas de matemática computacional. Através de uma série de exemplos e explicações de código, os leitores aprenderão a aplicar as capacidades do R para resolver desafios matemáticos do mundo real, visualizar dados e interpretar resultados de forma eficaz.

Quer seja um estudante, investigador ou profissional, este guia servirá como um recurso valioso na sua viagem pelo excitante mundo da matemática computacional, equipando-o com os conhecimentos e competências necessários para aproveitar todo o potencial da programação em R.

Índice

BREVE INTRODUÇÃO

A matemática computacional é um ramo da matemática aplicada que utiliza algoritmos, métodos numéricos e simulações para resolver problemas matemáticos demasiado complexos para soluções analíticas. R, uma poderosa linguagem de programação amplamente utilizada em estatística e análise de dados, é também uma excelente ferramenta para a matemática computacional devido às suas extensas bibliotecas e facilidade de utilização para cálculos matemáticos.

Principais caraterísticas do R para Matemática Computacional

1. **Conjunto rico de funções matemáticas**: O R fornece um conjunto abrangente de funções matemáticas incorporadas para aritmética, trigonometria, cálculo, álgebra linear e muito mais. Por exemplo:

   - **Aritmética básica:** +, -, *, /, ^ para adição, subtração, multiplicação, divisão e exponenciação.
   - **Funções Trigonométricas:** sin(), cos(), tan()
   - **Funções logarítmicas e exponenciais:** log(), exp()

2. **Operações matriciais**: O R é particularmente forte em operações matriciais, que são fundamentais para muitos problemas de matemática computacional:

   - **Criação da matriz:** matrix(data, nrow, ncol)
   - **Multiplicação de matrizes:** %*%
   - **Determinante:** det(matriz)
   - **Valores próprios e vectores próprios:** eigen(matriz)

3. **Métodos numéricos**: O R pode resolver vários problemas matemáticos utilizando métodos numéricos, tais como:

   - **Pesquisa de raízes:** uniroot()
   - **Otimização:** optim()
   - **Integração:** integrate()
   - **Equações Diferenciais:** ode() do pacote deSolve

4. **Álgebra Linear**: A álgebra linear é fundamental na matemática computacional, e o R tem funções poderosas para ela:

   - **Resolução de sistemas de equações lineares:** solve(A, b) resolve a equação Ax=bAx = bAx=b.

   - **Decomposição de matrizes:** svd() para a Decomposição do valor singular, qr() para a Decomposição QR, chol() para a Decomposição de Cholesky.

5. **Computação estatística**: O R é conhecido principalmente pelas suas capacidades de computação estatística, que são cruciais na matemática computacional para analisar e interpretar dados:

   - **Distribuições de probabilidade:** Funções como dnorm(), pnorm(), rnorm() para a distribuição normal.

   - **Teste de hipóteses:** t.test(), anova(), chisq.test()

6. **Matemática simbólica**: Embora o R não seja primariamente uma ferramenta de matemática simbólica, pacotes como o Ryacas e o rSymPy permitem a computação simbólica semelhante ao que é feito em software como o Mathematica ou o Maple.

Exemplos de aplicações

1. **Resolver equações**: Resolver equações lineares e não lineares utilizando funções como uniroot() para equações de variável única ou nleqslv() do pacote nleqslv para sistemas de equações não lineares.

```
f <- function(x) x^3 - 2*x - 5

root <- uniroot(f, c(2, 3))
```

2. **Integração numérica**: Estimar a área sob uma curva usando integração numérica.

```
f <- function(x) x^2

integrate(f, lower = 0, upper = 1)
```

3. **Otimização**: Encontrar o mínimo ou o máximo de uma função utilizando técnicas de otimização.

```
f <- function(x) (x-3)^2

ótimo(0, f)
```

Conclusão

O R é uma ferramenta versátil e poderosa para a matemática computacional, oferecendo uma vasta gama de funções e pacotes para efetuar cálculos matemáticos de forma eficiente. Quer se trate de resolver equações, efetuar operações matriciais ou realizar simulações numéricas, o R fornece as ferramentas necessárias para resolver problemas matemáticos complexos. A sua combinação de facilidade de utilização, bibliotecas extensas e forte apoio da comunidade torna-o uma excelente escolha para matemáticos computacionais e cientistas.

CAPÍTULO 1

Introdução à média, desvio padrão e variância

Média

A **média** (frequentemente designada por média) é a soma de todos os valores num conjunto de dados dividida pelo número de valores no conjunto de dados. Fornece uma medida da tendência central dos dados. A média é calculada utilizando a seguinte fórmula:

$$\text{Mean} = \frac{1}{n} \sum_{i=1}^{n} x_i$$

em que x_i representa cada valor do conjunto de dados e n é o número de valores.

Por exemplo, nos dados de amostra x <- c(12, 7, 3, 4.2, 18, 2, 54, -21, 8, -5), a média é calculada da seguinte forma:

$$\text{Mean} = \frac{12+7+3+4.2+18+2+54+(-21)+8+(-5)}{10} = 8.22$$

Desvio

A **variância** é uma medida de quanto os valores num conjunto de dados diferem da média do conjunto de dados. Dá uma ideia da dispersão dos dados. A variância é calculada utilizando a seguinte fórmula:

$$\text{Variance} = \frac{1}{n-1} \sum_{i=1}^{n} (x_i - \text{Mean})^2$$

A variância é a média das diferenças ao quadrado em relação à média. Este quadrado é efectuado para garantir que as diferenças abaixo da média não anulam as diferenças acima da média.

Para os dados de amostra dados <- c(1, 2, 3, 4, 5, 6, 7, 8, 9, 10), a variância é calculada da seguinte forma:

Variância=[(1-5.5)^2 +(2-5.5)^2 +(3-5.5)^2 +(4-5.5)^2 +(5-5.5)^2 +(6-5.5)^2 +(7-5.5)^2 +(8-5.5)^2 +(9-5.5)^2 +(10-5.5)^2]/10-1=9.166667

Desvio padrão

O **desvio padrão** é a raiz quadrada da variância. É expresso nas mesmas unidades que os dados, o que o torna mais fácil de interpretar do que a variância. O desvio padrão fornece uma medida da distância média de cada ponto de dados em relação à média.

Desvio padrão=√Variância

Para os dados de amostra dados <- c(1, 2, 3, 4, 5, 6, 7, 8, 9, 10), o desvio padrão é calculado da seguinte forma:

Standard Deviation=√9.166667=3.02765

Código R Explicação

O código R fornecido efectua os cálculos da média, variância e desvio padrão para dois conjuntos de dados de amostra. Além disso, inclui funções personalizadas para calcular manualmente a variância e o desvio padrão:

1. **Cálculo da média:**

```r
x <- c(12, 7, 3, 4.2, 18, 2, 54, -21, 8, -5)
result.mean <- mean(x)
print(result.mean)
```

Este código calcula e imprime a média do conjunto de dados x.

2. **Variância e desvio padrão usando funções incorporadas:**

```r
data <- c(1, 2, 3, 4, 5, 6, 7, 8, 9, 10)
var(data)
sd(data)
```

Este código calcula e imprime a variância e o desvio padrão dos dados do conjunto de dados utilizando as funções incorporadas do R.

3. **Funções personalizadas para variância e desvio padrão:**

```r
custom_variance <- function(x) {
  n <- length(x)
  mean_x <- mean(x)
  sum_squared_diff <- sum((x - mean_x)^2)
  variance <- sum_squared_diff / (n - 1)
  return(variance)
}


custom_sd <- function(x) {
  variance <- custom_variance(x)
  standard_deviation <- sqrt(variance)
  return(standard_deviation)
}


variance <- custom_variance(data)
standard_deviation <- custom_sd(data)

cat("Variance:", variance, "\n")
cat("Standard Deviation:", standard_deviation, "\n")
```

Estas funções personalizadas calculam manualmente a variância e o desvio padrão. Em seguida, elas são aplicadas aos dados do conjunto de dados e os resultados são impressos.

Saída

Os resultados do código são os seguintes:

- Média de x: 8,22
- Variância dos dados: 9.166667
- Desvio padrão dos dados: 3.02765

Introdução à visualização de dados em R: Diagrama de barras, diagrama de linhas, gráfico de pizza e histograma

A visualização de dados é um componente essencial da análise de dados, ajudando a transmitir informações de forma clara e eficaz através de representações gráficas. Abaixo, exploramos quatro tipos comuns de gráficos em R: Diagrama de barras, Diagrama de linhas, Gráfico de pizza e Histograma.

Diagrama de barras

Um diagrama de barras (ou gráfico de barras) representa dados com barras rectangulares. O comprimento de cada barra corresponde ao valor que representa. Os gráficos de barras são úteis para comparar diferentes categorias.

```
# Bar chart
# x-axis values
x <- c("A", "B", "C", "D")
# y-axis values
y <- c(2, 4, 6, 8)
barplot(y, names.arg = x, col = "red")
```

Neste exemplo, criamos um gráfico de barras com as categorias "A", "B", "C" e "D" no eixo x e os valores correspondentes 2, 4, 6 e 8 no eixo y. As barras são coloridas em vermelho.

Diagrama de linhas

Um diagrama de linhas (ou gráfico de linhas) apresenta a informação como uma série de pontos de dados ligados por segmentos de linha reta. É particularmente útil para mostrar tendências ao longo do tempo.

```
# Line chart
v <- c(17, 25, 34, 12, 15)
t <- c(22, 17, 33, 15, 23)
m <- c(25, 17, 16, 34, 29)
plot(v, type = "o", col = "red", xlab = "Month", ylab = "Articles Written",

main = "Article Written Chart")
lines(t, type = "o", col = "blue")
lines(m, type = "o", col = "green")
```

Neste exemplo, traçamos três séries de pontos de dados (v, t e m) que representam artigos escritos durante um período. Cada série é apresentada com cores diferentes (vermelho, azul e verde) e ligada por linhas.

Gráfico de pizza

Um gráfico de pizza é um gráfico circular dividido em sectores, cada um representando uma proporção do todo. Os gráficos de pizza são úteis para mostrar os tamanhos relativos de partes de um todo.

```
# Pie chart
marks <- c(85, 75, 95, 65, 88)
names <- c("Hema", "Priya", "Swathi", "Geetha", "Thiru")
colors <- c("Blue", "Green", "Red", "Pink", "Yellow")
pie(marks, labels = names, main = "Student Mark List", col = colors)
legend("bottomright", names, fill = colors)
```

Neste exemplo, criamos um gráfico de pizza que mostra as notas obtidas por cinco alunos. Cada sector é colorido de forma diferente e é acrescentada uma legenda para maior clareza.

Histograma

Um histograma é uma representação gráfica da distribuição de dados numéricos. É uma estimativa da distribuição de probabilidades de uma variável contínua e consiste em compartimentos que representam intervalos de dados.

```
# Histogram

v <- c(19, 23, 11, 5, 16, 21, 32, 14, 19, 27, 39)

colors <- c("Blue", "Green", "Pink", "Yellow", "Red", "Orange")

hist(v, xlab = "Number of Articles", col = colors, border = "Black")
```

Neste exemplo, criamos um histograma que mostra a distribuição do número de artigos escritos. Os dados são agrupados em compartimentos e cada compartimento é colorido.

Código R Saída

O código R fornecido gera os seguintes gráficos:

1. **Gráfico de barras**: Um gráfico de barras vermelho com as categorias "A", "B", "C" e "D" mostrando os valores 2, 4, 6 e 8.

2. **Gráfico de linhas**: Um gráfico de linhas com três séries de pontos de dados conectados por linhas em vermelho, azul e verde, representando artigos escritos ao longo do tempo.

3. **Gráfico de pizza**: Um gráfico de pizza que mostra as notas de cinco alunos com sectores coloridos a azul, verde, vermelho, rosa e amarelo. É fornecida uma legenda para referência.

4. **Histograma**: Um histograma que mostra a distribuição do número de artigos escritos, com compartimentos coloridos em cores diferentes e uma borda preta.

Estas visualizações ajudam a compreender a distribuição e a comparação de dados de forma eficaz.

CAPÍTULO 3

Coeficiente de correlação

O coeficiente de correlação (frequentemente designado por r) mede a força e a direção da relação linear entre duas variáveis. Ele varia de -1 a 1, sendo que:

- r=1 indica uma correlação positiva perfeita.

- r=-1 indica uma correlação negativa perfeita.

- r=0 indica que não há correlação.

Correlação positiva perfeita

Uma correlação positiva perfeita ocorre quando duas variáveis aumentam em conjunto numa relação linear.

```
# Perfect positive correlation

salary <- c(7000, 6000, 5000, 3000, 4000)

expenses <- c(4000, 3500, 3000, 2000, 2500)

res <- cor(salary, expenses)

print(res)  # Output: 1

plot(salary, expenses, type = "l", main = "Perfect Positive Correlation", xlab = "Salary", ylab = "Expenses")
```

Neste exemplo, a correlação entre o salário e as despesas é 1, indicando uma correlação positiva perfeita. O gráfico mostra uma linha em que ambas as variáveis aumentam em conjunto.

Correlação negativa perfeita

Uma correlação negativa perfeita ocorre quando uma variável aumenta enquanto a outra diminui numa relação linear.

```r
# Perfect negative correlation
sleep <- c(8, 7, 6, 5, 4)
coffee <- c(0, 1, 2, 3, 4)
res <- cor(sleep, coffee)
print(res)  # Output: -1

plot(sleep, coffee, type = "l", main = "Perfect Negative Correlation", xlab = "Hours of Sleep", ylab = "Cups of Coffee")
```

Neste exemplo, a correlação entre o sono e o café é -1, indicando uma correlação negativa perfeita. O gráfico mostra uma linha em que uma variável diminui à medida que a outra aumenta.

Sem correlação

A ausência de correlação ocorre quando não existe uma relação linear entre duas variáveis.

```r
# No correlation
shoe_size <- c(160, 175, 168, 162, 170)
marks_scored <- c(75, 82, 78, 80, 77)
res <- cor(shoe_size, marks_scored)
print(res)  # Output close to 0
plot(shoe_size, marks_scored, main = "No Correlation", xlab = "Shoe Size", ylab = "Marks Scored")
```

Neste exemplo, a correlação entre tamanho_do_sapato e notas_pontuadas é próxima de 0, indicando que não há correlação. O gráfico não mostra nenhuma relação linear aparente entre as duas variáveis.

Explicação do código R

1. **Correlação positiva perfeita:**

     o   A função cor calcula a correlação entre o salário e as despesas, resultando em 1.

     o   A função de gráfico cria um gráfico de linhas que mostra a correlação positiva perfeita.

2. **Correlação negativa perfeita:**

   - A função cor calcula a correlação entre o sono e o café, resultando em -1.
   - A função de gráfico cria um gráfico de linhas que mostra a correlação negativa perfeita.

3. **Sem correlação:**

   - A função cor calcula a correlação entre shoe_size e marks_scored, resultando num valor próximo de 0.
   - A função plot cria um gráfico de dispersão que não mostra qualquer correlação.

Conclusão

O coeficiente de correlação fornece uma medida quantitativa da relação linear entre duas variáveis. Os exemplos de código R demonstram como calcular e visualizar correlações, incluindo correlação positiva perfeita, correlação negativa perfeita e nenhuma correlação.

CAPÍTULO 4

Equação de regressão de x em y

A análise de regressão é um método estatístico utilizado para modelar a relação entre uma variável dependente e uma ou mais variáveis independentes. Neste exemplo, determinaremos a equação de regressão de xxx em yyy utilizando a regressão linear.

Dados de amostra

Os dados da amostra são constituídos por duas variáveis, yyy e xxx:

Sample data

y <- c(1, 2, 3, 4, 5)

x <- c(2, 4, 6, 8, 10)

Ajuste do modelo de regressão linear

Utilizamos a função lm no R para ajustar um modelo de regressão linear, em que xxx é regredido em yyy.

Ajustar o modelo de regressão linear

modelo <- lm(x ~ y)

Impressão do resumo do modelo de regressão

A função de resumo fornece informações pormenorizadas sobre o modelo de regressão.

Print the summary of the regression model

summary(model)

Output:

yaml

Call:

lm(formula = x ~ y)

Resíduos:

$\qquad$ 1 2 3 4 5

4.367e-16 -8.276e-16 3.028e-16 1.303e-16 -4.222e-17

Coeficientes:

Estimativa Erro Std. Valor t Pr(>|t|)

(Interceção) -1.589e-15 6.013e-16 -2.642e+00 0.0775 .

y 2.000e+00 1.813e-16 1.103e+16 <2e-16 ***

Códigos dos sinais: 0 '***' 0,001 '**' 0,01 '*' 0,05 '.' 0,1 ' ' 1

Erro padrão residual: 5.733e-16 em 3 graus de liberdade

R-quadrado múltiplo: 1, R-quadrado ajustado: 1

Estatística F: 1,217e+32 em 1 e 3 DF, p-valor: < 2,2e-16

Extração de coeficientes

Os coeficientes do modelo de regressão podem ser extraídos utilizando a função coef.

Extrair coeficientes

coeficientes <- coef(modelo)

interceção <- coeficientes[1]

declive <- coeficientes[2]

Impressão da equação de regressão

A equação de regressão de xxx em yyy é da forma:

x=interceção+declive×yx = \text{interceção} + \text{slope} \times yx=interceção+slope×y

Imprimir a equação de regressão

cat("Equação de regressão de x em y: x =", interceção, "+", declive, "* y\n")

Saída:

csharp

Equação de regressão de x em y: x = -1,588822e-15 + 2 * y

Explicação dos resultados

1. **Interceção (α\alpha$\alpha$):** O termo de interceção na equação de regressão é muito próximo de zero (-1,589e-15), o que indica que quando $y=0y = 0y=0$, xxx também é aproximadamente zero. Dado o contexto dos dados, este valor é essencialmente negligenciável.

2. **Declive (β\beta$\beta$):** O termo do declive é 2, indicando que, por cada unidade de aumento em yyy, xxx aumenta em 2 unidades.

3. **Resíduos:** Os resíduos representam as diferenças entre os valores observados e previstos de xxx. Neste caso, os resíduos são extremamente pequenos, indicando um ajuste perfeito.

4. **R-quadrado:** O valor R-quadrado de 1 indica que 100% da variabilidade em xxx é explicada por yyy.

5. **Valor de p:** O valor p para o declive é inferior a 2,2e-16, o que é altamente significativo, indicando uma forte relação linear entre xxx e yyy.

Conclusão

A equação de regressão de xxx em yyy é:

$x=-1.588822e-15+2\times yx = -1.588822e-15 + 2 \times yx=-1.588822e-15+2\times y$

Isto indica uma relação linear positiva perfeita entre yyy e xxx, sendo xxx o dobro do valor de yyy.

CAPÍTULO 5

Equação de regressão de y em x

A análise de regressão é utilizada para compreender a relação entre uma variável dependente (y) e uma variável independente (x). Neste caso, determinamos a equação de regressão de yyy sobre xxx.

Dados de amostra

Os dados da amostra consistem em duas variáveis, xxx e yyy:

```
# Sample data

x <- c(2, 4, 6, 8, 10)

y <- c(1, 2, 3, 4, 5)
```

Ajuste do modelo de regressão linear

Utilizamos a função lm no R para ajustar um modelo de regressão linear, em que yyy é regredido em xxx.

```
# Fit the linear regression model

model <- lm(y ~ x)
```

Impressão do resumo do modelo de regressão

A função de resumo fornece informações pormenorizadas sobre o modelo de regressão.

```
# Print the summary of the regression model

summary(model)
```

Output:

yaml

Call:

lm(formula = y ~ x)

Resíduos:

```
       1 2 3 4 5
```

2.184e-16 -4.138e-16 1.514e-16 6.514e-17 -2.111e-17

Coeficientes:

Estimativa Erro Std. Valor t Pr(>|t|)

(Interceção) -7.944e-16 3.007e-16 -2.642e+00 0.0775 .

x 5.000e-01 4.532e-17 1.103e+16 <2e-16 ***

Códigos dos sinais: 0 '***' 0,001 '**' 0,01 '*' 0,05 '.' 0,1 ' ' 1

Erro padrão residual: 2,867e-16 em 3 graus de liberdade

R-quadrado múltiplo: 1, R-quadrado ajustado: 1

Estatística F: 1,217e+32 em 1 e 3 DF, p-valor: < 2,2e-16

Extração de coeficientes

Os coeficientes do modelo de regressão podem ser extraídos utilizando a função coef.

Extrair coeficientes

coeficientes <- coef(modelo)

interceção <- coeficientes[1]

declive <- coeficientes[2]

Impressão da equação de regressão

A equação de regressão de yyy em xxx é da forma:

y=interceção+declive×xy = \text{interceção} + \text{slope} \times xy=interceção+inclinação×x

Imprimir a equação de regressão

cat("Equação de regressão de y em x: y =", interceção, "+", declive, "* x\n")

Saída:

csharp

Equação de regressão de y em x: y = -7,944109e-16 + 0,5 * x

Explicação dos resultados

1. **Interceção (α\alpha$\alpha$):** O termo de interceção na equação de regressão é muito próximo de zero (-7,944e-16), o que indica que quando $x=0$x = 0$x=0$, yyy também é aproximadamente zero. Este valor é essencialmente negligenciável.

2. **Declive (β\beta$\beta$):** O termo do declive é 0,5, indicando que, por cada unidade de aumento em xxx, yyy aumenta em 0,5 unidades.

3. **Resíduos:** Os resíduos representam as diferenças entre os valores observados e previstos de yyy. Neste caso, os resíduos são extremamente pequenos, indicando um ajuste perfeito.

4. **R-quadrado:** O valor R-quadrado de 1 indica que 100% da variabilidade em yyy é explicada por xxx.

5. **Valor de p:** O valor p para o declive é inferior a 2,2e-16, o que é altamente significativo, indicando uma forte relação linear entre xxx e yyy.

Conclusão

A equação de regressão de yyy em xxx é:

$$y=-7{,}944109e\text{-}16+0{,}5\times xy = -7{,}944109e\text{-}16 + 0{,}5 \times xy=-7{,}944109e\text{-}16+0{,}5\times x$$

Isto indica uma relação linear positiva perfeita entre xxx e yyy, sendo yyy metade do valor de xxx.

CAPÍTULO 6

Aplicação do teste t para um problema de uma amostra

Um teste t é utilizado para determinar se a média de uma única amostra é significativamente diferente de uma média populacional conhecida ou hipotética. Neste exemplo, testamos se a média de uma determinada amostra é significativamente diferente de 30.

Dados de amostra

Geramos um conjunto de dados de amostra:

Generate some sample data

sample_data <- c(25, 28, 30, 32, 29, 27, 26, 31, 30, 28)

Hipóteses

- Hipótese Nula (H0H_0H0): A média da amostra (μ\mu$\mu$) é igual a 30 ($\mu=30$\mu = 30$\mu=30$).

- Hipótese Alternativa (HaH_aHa): A média da amostra (μ\mu$\mu$) não é igual a 30 ($\mu\neq30$\mu \neq 30$\mu\square=30$).

Realização do teste t de uma amostra

Utilizamos a função t.test do R para efetuar o teste t de uma amostra, comparando a média da amostra com 30.

Efetuar o teste t de uma amostra

resultado_do_teste <- t.test(dados_da_amostra, mu = 30)

Imprimir o resultado

Imprimimos o resultado do teste t.

Print the result

cat("One-sample t-test result:\n")

print(t_test_result)

Saída:

yaml

Teste t de uma amostra

dados: dados_amostra

t = -1,9932, df = 9, p-valor = 0,07739

hipótese alternativa: a média verdadeira não é igual a 30

Intervalo de confiança de 95%:

 27.01111 30.18889

estimativas amostrais:

média de x

 28.6

Interpretação dos resultados

1. **Estatística t (t):** A estatística t é -1,9932. Este valor mede o tamanho da diferença em relação à variação nos dados da amostra.

2. **Graus de liberdade (df):** Os graus de liberdade para este teste são 9, o que é menos um do que o tamanho da amostra (n-1).

3. **Valor de p:** O valor de p é 0,07739. Este valor indica a probabilidade de obter um resultado pelo menos tão extremo como o observado, dado que a hipótese nula é verdadeira.

4. **Intervalo de confiança:** O intervalo de confiança de 95% para a média verdadeira é [27,01111, 30,18889]. Este intervalo fornece uma estimativa de onde a verdadeira média populacional provavelmente se situa.

5. **Média da amostra:** A média da amostra é de 28,6.

Conclusão

Uma vez que o valor p (0,07739) é superior ao nível de significância típico (por exemplo, 0,05), não conseguimos rejeitar a hipótese nula. Isso sugere que não há evidência suficiente para concluir que a média da amostra é significativamente diferente de 30. Assim, não podemos afirmar com grande confiança que a média da amostra é diferente da média populacional hipotética de 30.

Código R completo para o teste t de uma amostra

```r
# Generate some sample data
sample_data <- c(25, 28, 30, 32, 29, 27, 26, 31, 30, 28)


# Perform one-sample t-test
t_test_result <- t.test(sample_data, mu = 30)


# Print the result
cat("One-sample t-test result:\n")
print(t_test_result)
```

CAPÍTULO 7

Aplicação do teste t para problemas com duas amostras

Um teste t para duas amostras é utilizado para determinar se existe uma diferença significativa entre as médias de dois grupos independentes. Neste exemplo, testamos se as médias de dois grupos, grupo1 e grupo2, são significativamente diferentes.

Dados de amostra

Geramos dados de amostra para dois grupos:

Generate some sample data for two groups

group1 <- c(25, 28, 30, 32, 29)

group2 <- c(27, 26, 31, 30, 28)

Hipóteses

- Hipótese Nula (H0H_0H0): As médias do grupo1 e do grupo2 são iguais ($\mu1=\mu2$\mu_1 = \mu_2$\mu1=\mu2$).
- Hipótese Alternativa (HaH_aHa): As médias do grupo1 e do grupo2 não são iguais ($\mu1\neq\mu2$\mu_1 \neq \mu_2$\mu1 □=\mu2$).

Realização do teste t de duas amostras

Utilizamos a função t.test do R para efetuar o teste t de duas amostras.

Perform two-sample t-test

t_test_result <- t.test(group1, group2)

Imprimir o resultado

Imprimimos o resultado do teste t.

Print the result

cat("Two-sample t-test result:\n")

print(t_test_result)

Saída:

yaml

Teste t de Welch para duas amostras

dados: grupo1 e grupo2

t = 0,26968, df = 7,6365, p-valor = 0,7945

hipótese alternativa: a verdadeira diferença de médias não é igual a 0

Intervalo de confiança de 95%:

 -3.048906 3.848906

estimativas amostrais:

média de x média de y

 28.8 28.4

Interpretação dos resultados

1. **Estatística t (t):** A estatística t é 0,26968. Este valor mede o tamanho da diferença em relação à variação nos dados da amostra.

2. **Graus de liberdade (df):** Os graus de liberdade para este teste são aproximadamente 7,64, calculados através da equação de Welch-Satterthwaite.

3. **Valor de p:** O valor de p é 0,7945. Este valor indica a probabilidade de obter um resultado pelo menos tão extremo como o observado, dado que a hipótese nula é verdadeira.

4. **Intervalo de confiança:** O intervalo de confiança de 95% para a diferença verdadeira nas médias é [-3,048906, 3,848906]. Este intervalo fornece uma estimativa de onde a verdadeira diferença nas médias da população provavelmente se situa.

5. **Médias da amostra:** A média do grupo1 é 28,8 e a média do grupo2 é 28,4.

Conclusão

Como o valor p (0,7945) é maior do que o nível de significância típico (por exemplo, 0,05), não rejeitamos a hipótese nula. Isto sugere que não existem provas suficientes para concluir que as médias do grupo1 e do grupo2 são significativamente diferentes uma da outra.

Código R completo para o teste t de duas amostras

```r
# Generate some sample data for two groups
group1 <- c(25, 28, 30, 32, 29)
group2 <- c(27, 26, 31, 30, 28)

# Perform two-sample t-test
t_test_result <- t.test(group1, group2)

# Print the result
cat("Two-sample t-test result:\n")
print(t_test_result)
```

Este exemplo ilustra como efetuar e interpretar um teste t de duas amostras, fornecendo um método estatístico para comparar as médias de dois grupos independentes.

## CAPÍTULO 8

Aplicação do teste t para testar a significância do coeficiente de correlação

O teste t pode ser utilizado para testar se o coeficiente de correlação entre duas variáveis é significativamente diferente de zero. Isto ajuda a determinar se existe uma relação linear estatisticamente significativa entre as variáveis.

Dados de amostra

Geramos dados de amostra para duas variáveis, x e y:

```
# Generate some sample data
x <- c(1, 2, 3, 4, 5)
y <- c(2, 3, 4, 5, 6)
```

Passos para testar a significância do coeficiente de correlação

1. **Calcular o Coeficiente de Correlação**:

```
# Calculate the correlation coefficient
correlation_coef <- cor(x, y)
```

2. **Calcular os graus de liberdade**: Os graus de liberdade (df) são calculados como a dimensão da amostra menos 2.

```
# Calculate the degrees of freedom
n <- length(x)
df <- n - 2
```

3. **Calcular a estatística t**: A estatística t é calculada utilizando a fórmula:

$$t=rn-21-r2t = \frac{r \sqrt{n - 2}}{\sqrt{1 - r^2}}t=1-r2rn-2$$

em que rrr é o coeficiente de correlação e nnn é a dimensão da amostra.

```
# Calculate the t-statistic
t_statistic <- correlation_coef * sqrt((n - 2) / (1 - correlation_coef^2))
```

4. **Calcular o valor crítico**: O valor crítico para um teste bicaudal a α=0,05\alpha = 0,05α=0,05 pode ser encontrado utilizando a função qt.

```
# Calculate the critical value for a 2-tailed test at alpha = 0.05
critical_value <- qt(0.975, df)
```

5. **Efetuar o teste t**: Calcular o valor p para determinar a significância do coeficiente de correlação.

```
# Perform the t-test
p_value <- 2 * pt(abs(t_statistic), df, lower.tail = FALSE)
```

6. **Imprimir os resultados**:

```
# Print the results
cat("Correlation coefficient:", correlation_coef, "\n")

cat("Degrees of freedom:", df, "\n")

cat("T-statistic:", t_statistic, "\n")

cat("Critical value:", critical_value, "\n")

cat("P-value:", p_value, "\n")


# Check if correlation coefficient is significant
if (abs(t_statistic) > critical_value) {

  cat("The correlation coefficient is significant at alpha = 0.05\n")

} else {

  cat("The correlation coefficient is not significant at alpha = 0.05\n")

}
```

Saída:

yaml

Coeficiente de correlação: 1

Graus de liberdade: 3

Estatística T: 82191237

Valor crítico: 3.182446

Valor de p: 3.971862e-24

O coeficiente de correlação é significativo a um nível alfa = 0,05

Interpretação dos resultados

1. **Coeficiente de correlação:** O coeficiente de correlação é 1, indicando uma relação linear positiva perfeita entre x e y.

2. **Graus de liberdade (df):** Os graus de liberdade para este teste são 3, calculados como n-2n - 2n-2.

3. **Estatística t (t):** A estatística t é 82191237. Este valor mede o tamanho da correlação em relação à variação nos dados.

4. **Valor crítico:** O valor crítico para um teste bicaudal a $\alpha=0,05$\alpha = $0,05\alpha=0,05$ é 3,182446. Este valor é utilizado como um limiar para determinar a significância da correlação.

5. **Valor de p:** O valor p é 3,971862e-24, indicando uma probabilidade muito pequena de observar uma correlação tão forte por acaso se a correlação verdadeira for zero.

Conclusão

Uma vez que o valor absoluto da estatística t (82191237) é superior ao valor crítico (3,182446) e o valor p é muito inferior a 0,05, rejeitamos a hipótese nula. Isto sugere que o coeficiente de correlação é significativamente diferente de zero a $\alpha=0,05$\alpha = $0,05\alpha=0,05$. Assim, existe uma relação linear estatisticamente significativa entre x e y.

Código R completo para testar a significância do coeficiente de correlação

```r
# Generate some sample data
x <- c(1, 2, 3, 4, 5)
y <- c(2, 3, 4, 5, 6)

# Calculate the correlation coefficient
correlation_coef <- cor(x, y)

# Calculate the degrees of freedom
n <- length(x)
df <- n - 2
```

```r
# Calculate the t-statistic
t_statistic <- correlation_coef * sqrt((n - 2) / (1 - correlation_coef^2))

# Calculate the critical value for a 2-tailed test at alpha = 0.05
critical_value <- qt(0.975, df)

# Perform the t-test
p_value <- 2 * pt(abs(t_statistic), df, lower.tail = FALSE)

# Print the results
cat("Correlation coefficient:", correlation_coef, "\n")
cat("Degrees of freedom:", df, "\n")
cat("T-statistic:", t_statistic, "\n")
cat("Critical value:", critical_value, "\n")
cat("P-value:", p_value, "\n")

# Check if correlation coefficient is significant
if (abs(t_statistic) > critical_value) {
  cat("The correlation coefficient is significant at alpha = 0.05\n")
} else {
  cat("The correlation coefficient is not significant at alpha = 0.05\n")
}
```

CAPÍTULO 9

Testes t unicaudais e bicaudais

Teste t unilateral

Um teste t unilateral é utilizado para determinar se a média da amostra é significativamente superior ou inferior a um valor especificado. A direção do teste depende da hipótese.

Hipótese: A média de uma amostra é maior que 10?

1. **Hipótese nula (H0):** A média da amostra é menor ou igual a 10 ($\mu \leq 10$\mu \leq 10$\mu \leq 10$).

2. **Hipótese alternativa (Ha):** A média da amostra é superior a 10 ($\mu > 10$\mu > 10$\mu > 10$).

Código R:

```r
# Generate some sample data

sample_data <- c(12, 14, 11, 10, 9, 13, 15, 11, 10, 11)


# Perform one-tailed t-test

one_tailed_result <- t.test(sample_data, mu = 10, alternative = "greater")


# Print the result

cat("One-tailed t-test result:\n")

print(one_tailed_result)
```

Saída:

```sql
sql
```

Resultado do teste t unilateral:

Teste t de uma amostra

dados: dados_amostra

t = 2,6667, df = 9, p-valor = 0,01288

hipótese alternativa: a média verdadeira é superior a 10

Intervalo de confiança de 95%:

 10.50013 Inf

estimativas amostrais:

média de x

 11.6

Interpretação:

- **Valor t:** 2,6667
- **df (graus de liberdade):** 9
- **p-valor:** 0,01288
- **Intervalo de confiança de 95%:** [10.50013, Inf]
- **Média da amostra:** 11,6

Uma vez que o valor p (0,01288) é inferior ao nível de significância (0,05), rejeitamos a hipótese nula. Isto sugere que a média da amostra é significativamente superior a 10.

Teste t bicaudal

Um teste t bicaudal é utilizado para determinar se a média da amostra é significativamente diferente de um valor especificado, independentemente da direção da diferença.

Hipótese: A média de uma amostra é diferente de 10?

1. **Hipótese nula (H0):** A média da amostra é igual a 10 ($\mu=10$\mu = 10$\mu=10$).

2. **Hipótese Alternativa (Ha):** A média da amostra não é igual a 10 ($\mu\neq10$\mu \neq 10$\mu\square=10$).

Código R:

```r
# Perform two-tailed t-test
two_tailed_result <- t.test(sample_data, mu = 10)

# Print the result
cat("\nTwo-tailed t-test result:\n")
print(two_tailed_result)
```

Saída:

yaml

Resultado do teste t bicaudal:

Teste t de uma amostra

dados: dados_amostra

t = 2,6667, df = 9, p-valor = 0,02576

hipótese alternativa: a média verdadeira não é igual a 10

Intervalo de confiança de 95%:

 10.24271 12.95729

estimativas amostrais:

média de x

 11.6

Interpretação:

- **Valor t:** 2,6667
- **df (graus de liberdade):** 9
- **p-valor:** 0,02576
- **Intervalo de confiança de 95%:** [10.24271, 12.95729]
- **Média da amostra:** 11,6

Uma vez que o valor p (0,02576) é inferior ao nível de significância (0,05), rejeitamos a hipótese nula. Isto sugere que a média da amostra é significativamente diferente de 10.

Resumo

Teste t unilateral: Testa se a média da amostra é superior ou inferior a um valor especificado.

- **Exemplo de resultado:** A média da amostra é significativamente superior a 10.

Teste t bicaudal: Testa se a média da amostra é diferente de um valor especificado.

- **Exemplo de resultado:** A média da amostra é significativamente diferente de 10.

Código R completo para testes t unicaudais e bicaudais

```r
# Generate some sample data

sample_data <- c(12, 14, 11, 10, 9, 13, 15, 11, 10, 11)


# Perform one-tailed t-test

one_tailed_result <- t.test(sample_data, mu = 10, alternative = "greater")


# Print the result

cat("One-tailed t-test result:\n")

print(one_tailed_result)


# Perform two-tailed t-test

two_tailed_result <- t.test(sample_data, mu = 10)


# Print the result

cat("\nTwo-tailed t-test result:\n")

print(two_tailed_result)
```

CAPÍTULO 10

Análise de Variância (ANOVA)

A ANOVA é uma técnica estatística utilizada para comparar médias de vários grupos para determinar se existem diferenças significativas. Ajuda a determinar se a variabilidade entre as médias dos grupos é maior do que a variabilidade dentro de cada grupo.

ANOVA unidirecional

A ANOVA unidirecional é utilizada para testar se existem diferenças significativas nas médias entre três ou mais grupos independentes (não relacionados).

Hipótese: Existem diferenças significativas no Sepal.Length entre as espécies no conjunto de dados da Iris?

1. **Hipótese nula (H0):** O comprimento médio das sépalas é o mesmo em todas as espécies.

2. **Hipótese alternativa (Ha):** Pelo menos uma espécie tem uma média diferente de Sepal.Length.

Código R:

```r
# Load necessary package
if(!require(datasets)) install.packages("datasets", dependencies=TRUE)


# Load the iris dataset
data(iris)


# Take a quick look at the dataset
head(iris)


# Summary statistics of the dataset
summary(iris)


# Perform One-way ANOVA
one_way_anova <- aov(Sepal.Length ~ Species, data = iris)
```

```r
# Summarize the ANOVA result
summary(one_way_anova)
```

Saída:

yaml

Df Soma Sq Média Sq Valor F Pr(>F)

Espécie 2 63,21 31,606 119,3 <2e-16 ***

Resíduos 147 38,96 0,265

Códigos dos sinais: 0 '***' 0,001 '**' 0,01 '*' 0,05 '.' 0,1 ' ' 1

Interpretação:

- **Df (Graus de liberdade):** O número de elementos de informação independentes.

- **Soma Sq (Soma de quadrados):** Medida de variância.

- **Mean Sq (Quadrado médio):** Variância média por grau de liberdade.

- **Valor F:** Rácio da variância entre grupos para a variância dentro dos grupos.

- **Pr(>F) (valor p):** Probabilidade de observar os dados se a hipótese nula for verdadeira.

Uma vez que o valor de p é extremamente pequeno (<2e-16), rejeitamos a hipótese nula. Isto indica que existem diferenças significativas no comprimento das sépalas entre as espécies.

ANOVA de duas vias

A ANOVA de duas vias é utilizada para avaliar o efeito de duas variáveis independentes categóricas diferentes sobre uma variável dependente contínua e a sua interação.

Hipótese: Existem efeitos significativos do número de cilindros e do tipo de transmissão no mpg no conjunto de dados mtcars?

1. **Hipótese nula (H0):** Nem o número de cilindros nem o tipo de transmissão afectam significativamente o mpg. Não existe qualquer efeito de interação.

2. **Hipótese alternativa (Ha):** Pelo menos um dos factores ou a sua interação afecta significativamente o mpg.

Código R:

```r
# Load the mtcars dataset
data(mtcars)


# Convert cyl and am to factors
mtcars$cyl <- as.factor(mtcars$cyl)

mtcars$am <- as.factor(mtcars$am)


# Take a quick look at the dataset
head(mtcars)


# Summary statistics of the dataset
summary(mtcars)


# Perform Two-way ANOVA
two_way_anova <- aov(mpg ~ cyl * am, data = mtcars)


# Summarize the Two-way ANOVA result
summary(two_way_anova)
```

Saída:

yaml

Df Soma Sq Média Sq Valor F Pr(>F)

cilindro 2 824,8 412,4 44,852 3,73e-09 ***

am 1 36,8 36,8 3,999 0,0561 .

cilindro:am 2 25,4 12,7 1,383 0,2686

Resíduos 26 239,1 9,2

Códigos dos sinais: 0 '***' 0,001 '**' 0,01 '*' 0,05 '.' 0,1 ' ' 1

Interpretação:

- **cyl (Número de Cilindros):** Efeito significativo no mpg com valor de $p < 0,001$. Um maior número de cilindros está associado a um menor mpg.

- **am (Tipo de transmissão):** Efeito marginalmente significativo no mpg com p-value $= 0,056$. As transmissões manuais tendem a ter um mpg mais elevado.

- **cilindro**

(Interação entre Cilindros e Transmissão): Não significativo com p-value $= 0,2686$. O efeito dos cilindros no mpg é consistente, independentemente do tipo de transmissão.

Conclusão:

- O número de cilindros afecta significativamente o mpg.

- O tipo de transmissão também tem um efeito notável no mpg, sendo as transmissões manuais mais eficientes em termos de combustível.

- Não existe um efeito de interação significativo entre o número de cilindros e o tipo de transmissão no mpg.

Código R completo para ANOVA unidirecional e bidirecional

```r
# One-Way ANOVA
if(!require(datasets)) install.packages("datasets", dependencies=TRUE)
data(iris)
head(iris)
summary(iris)
one_way_anova <- aov(Sepal.Length ~ Species, data = iris)
summary(one_way_anova)

# Two-Way ANOVA
data(mtcars)
mtcars$cyl <- as.factor(mtcars$cyl)
mtcars$am <- as.factor(mtcars$am)
head(mtcars)
summary(mtcars)
two_way_anova <- aov(mpg ~ cyl * am, data = mtcars)
summary(two_way_anova)
```

REFERÊNCIAS DE LIVROS

1. G. Grolemund, *Hands-On Programming with R: Write Your Own Functions and Simulations*. Sebastopol, CA, EUA: O'Reilly Media, 2014.

2. H. Wickham, *Advanced R*. Boca Raton, FL, EUA: Chapman and Hall/CRC, 2014.

3. J. Verzani, *Using R for Introductory Statistics*. Boca Raton, FL, EUA: Chapman and Hall/CRC, 2014.

4. R. Kabacoff, *R in Action: Data Analysis and Graphics with R*. Shelter Island, NY, EUA: Manning Publications, 2015.

5. P. Dalgaard, *Introductory Statistics with R*. Nova Iorque, NY, EUA: Springer, 2008.

6. M. L. Crawley, *The R Book*. Chichester, West Sussex, Reino Unido: Wiley, 2012.

7. M. J. Crawley, *Statistics: An Introduction using R*. Chichester, West Sussex, UK: Wiley, 2014.

8. N. Matloff, *The Art of R Programming: A Tour of Statistical Software Design*. São Francisco, CA, EUA: No Starch Press, 2011.

9. W. N. Venables, D. M. Smith, e R. Core Team, *An Introduction to R*. R Foundation for Statistical Computing, 2013.

10. J. H. Maindonald e J. Braun, *Data Analysis and Graphics Using R: An Example-Based Approach*. Cambridge, Reino Unido: Cambridge University Press, 2010.

11. W. J. Braun e D. J. Murdoch, *A First Course in Statistical Programming with R*. Cambridge, UK: Cambridge University Press, 2007.

12. J. Fox, *An R and S-Plus Companion to Applied Regression*. Thousand Oaks, CA, EUA: SAGE Publications, 2002.

13. M. P. J. van der Loo e E. de Jonge, *Learning R: A Step-by-Step Function Guide to Data Analysis*. Birmingham, Reino Unido: Packt Publishing, 2017.

14. J. M. Chambers, *Software for Data Analysis: Programming with R*. Nova Iorque, NY, EUA: Springer, 2008.

15. W. Revelle, *An Introduction to R: Um ambiente de programação para análise de dados e gráficos*. Chicago, IL, EUA: Northwestern University, 2020.

REFERÊNCIAS EM LINHA

1. J. Maindonald e J. Braun, *Data Analysis and Graphics Using R: An Example-Based Approach*, 3rd ed., Cambridge. Cambridge: Cambridge University Press, 2010. [Online]. Available: https://doi.org/10.1017/CBO9781139084748. Acessado: 28 de agosto de 2024.

2. W. N. Venables e B. D. Ripley, *Modern Applied Statistics with S*, 4th ed., New York. Nova Iorque: Springer, 2002. [Online]. Available: https://doi.org/10.1007/978-0-387-21706-2. Acessado: 28 de agosto de 2024.

3. T. Hothorn e B. S. Everitt, *A Handbook of Statistical Analyses Using R*, 3ª ed. Boca Raton: CRC Press, 2014. [Online]. Disponível: https://doi.org/10.1201/b16641. Acessado: 28 de agosto de 2024.

4. R. Gentleman, *R Programming for Bioinformatics*. Boca Raton: CRC Press, 2008. [Online]. Available: https://doi.org/10.1201/9781420063684. Acessado: 28 de agosto de 2024.

5. J. Fox e S. Weisberg, *An R Companion to Applied Regression*, 3ª ed. Thousand Oaks: Sage Publications, 2019. [Online]. Disponível: https://us.sagepub.com/en-us/nam/an-r-companion-to-applied-regression/book246125. Acedido: 28 de agosto de 2024.

6. H. Wickham, *ggplot2: Elegant Graphics for Data Analysis*, 2ª ed. Nova Iorque: Springer, 2016. [Online]. Disponível: https://ggplot2-book.org/. Acessado: 28 ago. 2024.

7. P. Dalgaard, *Introductory Statistics with R*, 2ª ed. Nova Iorque: Springer, 2008. [Online]. Available: https://doi.org/10.1007/978-0-387-79054-1. Acessado: 28 de agosto de 2024.

8. J. M. Chambers, *Software for Data Analysis: Programming with R*. Nova Iorque: Springer, 2008. [Online]. Available: https://doi.org/10.1007/978-0-387-75936-4. Acessado: 28 de agosto de 2024.

9. C. Zuur, A. A. Hilbe, e E. N. Ieno, *A Beginner's Guide to R*. Nova Iorque: Springer, 2009. [Online]. Available: https://doi.org/10.1007/978-0-387-93837-0. Acessado: 28 de agosto de 2024.

10. S. P. Dalgaard, *R para principiantes*. [Online]. Disponível: https://cran.r-project.org/doc/contrib/Paradis-rdebuts_en.pdf. Acessado: 28 de agosto de 2024.

11. T. M. Therneau e P. M. Grambsch, *Modeling Survival Data: Extending the Cox Model*. New York: Springer, 2000. [Online]. Available: https://doi.org/10.1007/978-1-4757-3294-8. Acessado: 28 de agosto de 2024.

12. R Core Team, *R: A Language and Environment for Statistical Computing*, R Foundation for Statistical Computing, Viena, Áustria, 2023. [Online]. Disponível: https://www.R-project.org/. Acedido: 28 de agosto de 2024.

13. C. A. Field, *Discovering Statistics Using R*. Thousand Oaks: Sage Publications, 2012. [Online]. Disponível: https://studysites.sagepub.com/field4e/default.htm. Acessado: 28 de agosto de 2024.

14. G. Grolemund e H. Wickham, *R for Data Science: Import, Tidy, Transform, Visualize, and Model Data*. Sebastopol: O'Reilly Media, 2017. [Online]. Disponível: https://r4ds.had.co.nz/. Acessado: 28 de agosto de 2024.

15. M. Kabacoff, *R in Action: Data Analysis and Graphics with R*, 2ª ed. Shelter Island: Manning Publications, 2015. [Online]. Disponível em: https://www.manning.com/books/r-in-action-second-edition. Acessado: 28 de agosto de 2024.

Printed by Books on Demand GmbH, Norderstedt / Germany